中国文化
知识读本

ZHONGGUO WENHUA ZHISHI DUBEN

金开诚◎主编

魏　莹◎编著

吉林出版集团有限责任公司
吉林文史出版社

古代园艺

图书在版编目（CIP）数据

古代园艺 / 魏莹编著 .—长春：吉林出版集团有
限责任公司：吉林文史出版社，2009.12（2022.1重印）
（中国文化知识读本）
ISBN 978-7-5463-1569-0

Ⅰ.①古… Ⅱ.①魏… Ⅲ.①古典园林 – 园林艺术 –
简介 – 中国 Ⅳ.① TU986.62

中国版本图书馆 CIP 数据核字（2009）第 237119 号

古代园艺

GUDAI YUANYI

主编/ 金开诚 编著/魏莹

项目负责/崔博华　责任编辑/曹恒　崔博华

责任校对/袁一鸣 装帧设计/曹恒

出版发行/吉林文史出版社　吉林出版集团有限责任公司

地址/长春市人民大街4646号　邮编/130021

电话/0431-86037503　传真/0431-86037589

印刷/三河市金兆印刷装订有限公司

版次/2009 年 12 月第 1 版　2022 年 1 月第 6 次印刷

开本/ 650mm×960mm　1/16

印张/8　字数/30千

书号/ISBN 978-7-5463-1569-0

定价/34.80元

关于《中国文化知识读本》

　　文化是一种社会现象，是人类物质文明和精神文明有机融合的产物；同时又是一种历史现象，是社会的历史沉积。当今世界，随着经济全球化进程的加快，人们也越来越重视本民族的文化。我们只有加强对本民族文化的继承和创新，才能更好地弘扬民族精神，增强民族凝聚力。历史经验告诉我们，任何一个民族要想屹立于世界民族之林，必须具有自尊、自信、自强的民族意识。文化是维系一个民族生存和发展的强大动力。一个民族的存在依赖文化，文化的解体就是一个民族的消亡。

　　随着我国综合国力的日益强大，广大民众对重塑民族自尊心和自豪感的愿望日益迫切。作为民族大家庭中的一员，将源远流长、博大精深的中国文化继承并传播给广大群众，特别是青年一代，是我们出版人义不容辞的责任。

　　《中国文化知识读本》是由吉林出版集团有限责任公司和吉林文史出版社组织国内知名专家学者编写的一套旨在传播中华五千年优秀传统文化，提高全民文化修养的大型知识读本。该书在深入挖掘和整理中华优秀传统文化成果的同时，结合社会发展，注入了时代精神。书中优美生动的文字、简明通俗的语言、图文并茂的形式，把中国文化中的物态文化、制度文化、行为文化、精神文化等知识要点全面展示给读者。点点滴滴的文化知识仿佛颗颗繁星，组成了灿烂辉煌的中国文化的天穹。

　　希望本书能为弘扬中华五千年优秀传统文化、增强各民族团结、构建社会主义和谐社会尽一份绵薄之力，也坚信我们的中华民族一定能够早日实现伟大复兴！

【目录】

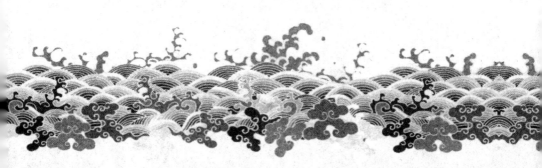

一 园艺概述

洛阳牡丹

（一）园艺解说

园艺顾名思义就是园地栽培的意思，简单地说是指关于花卉、蔬菜、果树之类作物的栽培方法。确切来说是指有关蔬菜、果树、花卉、食用菌、观赏树木的栽培、繁育技术和生产经营方法。

按照园艺的定义，园艺作物一般包括果树、蔬菜和观赏植物三大类。果树是多年生植物，主要是木本植物，它为人类主要提供的是可供食用的果实，常见的包括落叶果树、常绿果树、藤本和灌木性果树和一小部分多年生草本植物；蔬菜则以一、二年生草本植物为主，不限于利用果实，根、茎、叶和花等部分都可利用，因而又可划分果菜类、根菜类、茎菜类、叶菜类和花菜类等。此外也包括一小部分多年生草本和木本蔬菜以及菌、藻类植物；观赏植物中既有一、二年生，多年生宿根或球根花卉，也有灌木、乔木等花木，可为人们提供美的享受和用于防止污染，改善环境。这里主要指的是各种花卉。

世界园艺发展历史悠久，起源一般可追溯到农业发展的早期阶段。根据已有的考古发掘材料，我们知道，早在石器时代就已开始栽培棕枣、无花果、油橄榄、葡萄和洋葱。到了埃及文明的极盛时期，园艺生产渐趋发达，栽培的作物已包括

素有国色天香之称的洛阳牡丹

香蕉、柠檬、石榴、黄瓜、扁豆、大蒜、莴苣、蔷薇等。在古罗马时期的农业著作中已提到了果树嫁接和水果贮藏等技术，当时已有用云母片盖的原始型温室进行蔬菜促成栽培。当时的贵族已经开始在庄园中栽种苹果、梨、无花果、石榴等，还栽培各种观赏用花草如百合、玫瑰、紫罗兰、鸢尾、万寿菊等。中世纪时期园艺业一度衰落。

文艺复兴时期，园艺业又在意大利复兴并传至欧洲各地。新大陆发现使那里的玉米、马铃薯、番茄、甘薯、南瓜、菜豆、菠萝、油梨、腰果、长山核桃等园艺作物被广泛引种。以后贸易和交通的发展又进

花卉培植在我国早已有之

一步刺激了园艺业的发展。

园艺是农业中种植业的组成部分。园艺生产对于丰富人类营养，美化、改造人类生存环境，推进人类历史进步有重要意义。

（二）中国古代园艺

在中国古代，"园"指的是用围墙和篱笆围起来的园囿，是皇家的狩猎娱乐之所；"艺"就是"技艺""技术"的意思。

所以，中国古代"园艺"指的是在围篱保护的园圃内进行的植物栽培。

作为四大文明古国之一的中国，园艺发展比欧美诸国早 600-800 年。古时的印度、埃及、巴比伦王国以及地中海沿岸，包括古罗马帝国，农业和园艺都发展较早，但它们的总体水平都是在中国之下的。中国和西方国家之间的园艺交流，最大规模的当数汉武帝时（公元前 141—公元前 87 年），张骞出使西域打通了著名的丝绸之路，给欧洲带去了中国的桃、梅、杏、茶、芥菜、萝卜、甜瓜、白菜和百合等，大大丰富了欧洲的园艺植物资源；同时给中国带回了葡萄、无花果、苹果、石榴、黄瓜、

荷花不仅清香远溢，而且有着极强的适应能力

西瓜和芹菜等，也大大丰富了我国的园艺作物种类。这种交流是中国带给世界的贡献，也是促进人类发展和进步的互利行为。以后的交流不限于陆地，海路打开了更宽的通道。

中国园艺部门的独立是从周代开始的。周代出现了"园圃"，里面种植的作物已有蔬菜、瓜果和经济林木等。战国时期的文献中已经开始出现栽种瓜、桃、枣、李等果树的记述。秦汉园艺业有了很大发展。《汉书》记载中出现了冬季在室内种葱、韭等蔬菜的行为，这是温室栽培的雏形，说明温室培养在中国有着悠久的传统。南北朝时在果树的繁殖和栽培技术上有了

观赏园艺发展迅速

更多的创造发明。唐、宋以后，园艺业非常受皇室和贵族的青睐，特别是观赏园艺业发展迅速，出现了牡丹、芍药、梅和菊花等名贵品种。明、清时期，海运大开，银杏、枇杷、柑橘和白菜、萝卜等先后传向国外，同时也从国外引进了更多的园艺作物。中国历代在温室培养、果树繁殖和栽培、名贵花卉品种的培育以及在园艺事业上与各国进行广泛交流等方面卓有成就。

一般说来，园艺包括果树园艺、蔬菜园艺和观赏植物园艺。而在中国，古代园林艺术久负盛名，成就显著。所以，这里我们要介绍的中国园艺包括果树、蔬菜、花卉园艺和园林艺术。

二 果树园艺

中国最早的树木栽培可追溯到殷商时期

　　中国果树栽培历史悠久，可以追溯到殷商时期，距今至少已有 3000 年以上；而作为世界上三个最大最早的果树原生地之一，中国原产的果树种类繁多：以华北为中心的原生种群，包含许多重要的温带落叶果树，其中包括桃、中国李、杏、中国梨、柿、枣和栗等。分布在长江流域以南的常绿果树，有柑橘、橙、柚、龙眼、荔枝、枇杷等。有些不仅原产我国，而且到现在还是我国的特产。这些原产于我国的果树，现在多数已经推广到世界各地，为丰富世界人民的营养作出巨大贡献；同时我国在果园的建立、管理和果树的栽培技术方面，积累了丰富的经验。

桃子

（一）果园的建立

中国古代果园出现很早，在《诗经》中已有"园有桃""园有棘"等诗句，说明周代已有专门栽培果树的"园"。中国古代在果园的建立和管理上取得了一些很有益的经验。

1. 果园建立时的重要理念——因地制宜

早在战国时，人们在栽种果树之前已

开始对土壤进行观察与分类，提出了不同的土壤适宜栽培不同果树的观念；同时也注意到，地势不同，所宜栽培的果树种类也各异。反映出当时建立果园已注意到自然环境的差异，讲究适地适种，因地制宜。南北朝时，更进一步提出合理利用土地的观念。北魏著名农书《齐民要术》主张在不宜栽培大田作物的起伏不平的山岗地，可以栽培枣树。宋代农书中提到，在山坡栽培果树，应该注意坡向，并应修成梯田。这些都说明我国古代在果园建立之初已具有了较科学的理念，取得了初步的成就。

修建果园要注意自然环境的差异

2. 果园建立时的保护措施——果园绿篱和防护林

在当代，绿篱指的是密植于园边、路边及各种用地边界处的树丛带。绿篱因其隔离作用和装饰美化作用，被广泛应用于公共绿地和庭院绿化中。它在古代建立果园之初就开始被使用。在古代栽种果树的园子叫"园"，栽种蔬菜的园子叫"圃"。

《齐民要术》中有关于果树栽培的记述

中国原产的果树种类繁多

根据文献记载，菜圃的周围通常栽植柳树作藩篱，由此推测果园的周围也可能有藩篱。而在《三国志》中就明确记载了果园的四周以栽植榆树为绿篱。南北朝时，《齐民要术》中就有专篇讨论果园绿篱的培植，在当时用作绿篱的树种有酸枣、柳、榆等。到了明代，用作果园绿篱的树种很多，除以上几种外，还有五加皮、金樱子、枸杞、花椒、栀子、桑、木槿、野蔷薇、构树、枸橘、杨树、皂荚等。

而在明代，人们就已注意到，林木可改变小范围内的气候，提出在果园的西、北两侧营造竹林可以遮挡北风，从而有利于减轻园中果树的冻害。可见，从那时起，防护林就已开始运用到果园的防护中。

（二）果树栽植与培育技术

1. 栽种方法

古人关于果树移栽的方法，在《齐民要术》中有比较全面的论述，其后历代的典籍中也时有述及论及。概括起来，要点有：(1) 果树栽植的距离因树种而异。枣的栽植距离约合 5.4 米左右，李的栽植距离约合 3.8 米左右；同一树种，在不同的时代栽植距离也不尽相同。例如李的栽植距离，在汉代文献中所载约合 8 米 ×2.2 米，南北朝时《齐民要术》所载约合 3.6

石榴果园

果树园艺

米×3.6米，清代《齐民四术》所载约合2.6米×2.6米。清代文献中提出，果树的栽植距离以枝干之间互无障碍阻挡为准。（2）栽植坑穴要适当挖得深宽一些，有利于树木的更好生长。（3）掘取苗木时应尽量多带原土。明代农书提出最好在二十四节气中的霜降后先把土堆成一个圆垛，用绳索绕圈绑好，四周用松土填满，到第二年早春时再进行移栽，这样就可以达到多带原土的目的。（4）苗木放入栽植的坑穴时，要保持原来的方向。（5）苗木植入栽植穴时，要注意使根部舒展，不要有卷曲。（6）覆土时应使苗木的根与土壤紧密接触，不留空隙。为此，可在加土之后轻轻摇动树干。对没有带上土的苗木，覆土后可将苗木向上提一提。（7）要经常适当地修剪树苗木，以减少蒸发。（8）覆土到最上面3寸时，不要夯实，以保持土壤松软，减少蒸发；移栽后，晴天每日均需浇水，经半月左右成活后，可停止浇水。（9）栽好后，切勿再摇动树干，最好立支柱扶持，以防风吹摇动树干。总之，尽量避免使苗木受伤，则可保证移栽成活。

硕果累累

2. 栽种时间

果树移栽的时间，对落叶果树，汉代

枣树

时人们认为宜在农历正月的上半月。《齐民要术》则认为，移栽最好在农历正月，二月也可以，三月最差；总的原则是宁早勿晚，并提出可以根据当地的农候，灵活掌握移栽的适期。例如枣树以在叶芽萌发如鸡嘴状时移栽最适合。而常绿果树，则宜在天气转暖后移栽。

3. 巧夺天工的嫁接技术

在果树和经济林木的繁育技术史上，嫁接技术具有重要意义。嫁接，是植物的人工营养繁殖方法之一，即把一种植物的枝或芽，嫁接到另一种植物的茎或根上，使接在一起的两个部分长成一个

梨树

完整的植株。这属于无性繁殖，其好处是不仅结果快，而且还能保持栽培品种原有的特性。同时，还能促使变异，培育出新的品种。嫁接技术在我国最晚到战国后期就已经出现。以后，《齐民要术》对有关嫁接的原理、方法，都有比较详备的记载。

《齐民要术》在《种梨篇》里指出：嫁接的梨树结果比用种子栽种的梨树生苗要快，方法是用棠梨或杜梨做砧木，最好是在梨树幼叶刚刚露出的时候。所谓"砧木"，就是在嫁接繁殖时承受接穗的植株。砧木可以是整株果树，也可以是树体的根段或枝段，起固定、支撑接穗并与接穗愈合后形成植株生长、结

果木嫁接很有讲究

嫁接技术已被广泛应用于果树栽培方面

果的作用。砧木是果树嫁接苗的基础。而一般所说的"接穗"，就是接上去的芽或者枝的部分。操作的时候要注意不要损伤青皮，青皮伤了接穗就会死去；还要让梨的木部对着杜梨的木部，梨的青皮靠着杜梨的青皮。这样的做法是合乎科学道理的，因为接木成活的关键就在于砧木和接穗切面上的形成层要密切吻合。按《齐民要术》中说的，就是要求彼此的木质部对着木质部，韧皮部对着韧皮部，这样两者的形成层就紧密地接合了，嫁接就可以成功了。

在嫁接梨树的砧木的选择上，《齐民要术》中提到可供利用的砧木有棠、

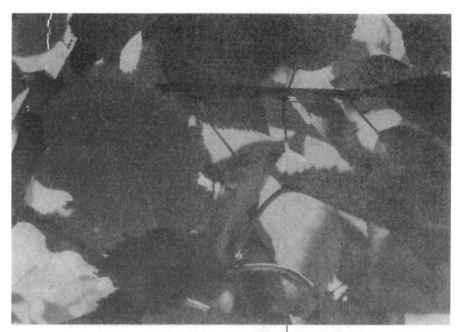

嫁接技术是果树的繁殖方法之一

杜、桑、枣、石榴五种。经过实践比较：用棠作砧木，结的梨果实大肉质细；杜差些；桑树最不好。至于用枣或石榴作砧木所结的梨虽属上等，但是接十株只能活一二株。可见当时对远缘嫁接亲和力比较差、成活率低这个规律，已经有了一定的认识。因为从现代农学技术上来看，我们知道梨和棠、杜是同科同属不同种，至于梨和桑、枣、石榴却分别属于不同的科。这样的认识是符合客观规律的，属于较科学的认知。

为了突出说明用嫁接繁育的好处，《齐民要术》还用对比的方法，介绍了果树直接用种子繁育，并指出不使用嫁

观赏果树

接技术的果木，结实较迟，而且用种子繁育会产生不可避免的变质现象。比如一个梨虽然都有十来粒种子，但是其中只有两粒能长成梨，其余的都长成杜树。这个事实说明当时人们已经注意到用种子的繁育会严重退化，而且有性繁殖还会导致遗传分离的现象。用嫁接这样的无性繁殖方法，它的好处就在没有性状分离现象，子代的变异比较少，能够比较好地保存亲代的优良性状。　　关于嫁接的方法，随着时代的推移人民的认识也有了提高。《齐民要术》中讲到的有枝接法和根接法。元代农书中总结出了以下六种方法："一曰身接，二曰根接，三曰皮接，四曰枝接，五曰靥接，六曰搭接。""身接"近似今天的高接；今天的高接就是在已形成树冠的大树上进行的嫁接方法。果树生产中为了更换品种，在已成年的果树上换接不同品种，以代替原有品种的被称为"高接换种"。"根接"不同于今天的根接，近似低接；"靥接"就是压接。这个分法有依据不一致的缺点：有以嫁接方法分类的，如压接、搭接；有以嫁接的砧木和接穗的部位分类的，如身接、根接、枝接等。但是他叙述得既简明而又条理细致，所以仍为后来的许多农书所袭用。有些接木名词作为专门术语，今天不只是在我国，甚至在日本也还在沿用。

　　正确掌握嫁接成活的技术关键，可以看做是嫁接技术提高的一个标志。明代人已经认识到接树有三个秘诀：第一要在树皮呈绿色就是还幼嫩的时候，第二

桃子熟了

果树枝头

要选有节的部分，第三接穗和砧木接合部位要对好。照这要求来做，万无一失。它简要而又确切地说明了嫁接的年龄、部位和应该注意的事。有节的地方分殖细胞最发达，选择这个部位是有科学根据的。

（三）果园的管理

中国古代，在果园土壤管理、施肥、灌溉排水等方面，积累了很多科学经验，流传到现代，成为农学管理中的宝贵财富。

1. 土壤管理

《齐民要术》中对于落叶果树的论述中提到，古代在果树栽植后，一般不耕翻土壤，但对锄草却相当重视，同样对常绿果树也是这样。例如《避暑录话》中便主张柑橘园中要常年耘锄，令树下寸草不生。

到了元代，人们对于土壤的利用有了更科学切实的认识。他们认为，应该在农历正月果树发芽前，在树根旁尽量又深又宽地挖土，切断主根，勿伤须根，再覆土筑实，则结果肥大，称为"骗树"。其后的典籍中也常有此记述，只是"骗"或写作"善"。这种方法在现代社会中还常有使用，辽南果农在苹果栽培中应用的"放树窠子"就是类似这种方法。

2. 施肥

古代的果树管理中十分重视给果树施肥。《齐民要术》提到，给果树施以腐熟的粪肥，可以增进果实的风味。宋代农书中说，橘树在冬、夏施肥，可以使果树枝叶繁茂。明清时期的典籍对果园施肥有较全面的论述，指出在果树萌芽时不宜施肥，以免损伤新根；开花时不宜施肥，以免引起落花；坐果后宜施肥，以促进果实膨大；果实采收后宜施肥，以恢复树势；冬季应施肥，以供来年树体发育。古代果园施用的肥料主要为有机质肥料，如大粪、猪粪、河泥、米泔等。

新高梨

果树园艺

3. 灌溉排水

果树要及时修枝剪枝

古籍中这方面的论述虽不多，但是内容却都比较切实可行。例如在宋代，人们发现干旱时节会使橘树生长受碍，雨水过多则会使果实开裂或果味淡薄。所以在橘园里开排水沟以防雨涝，遇旱则及时浇灌，并且指出，可结合灌溉进行施肥。清代农人认识到要在果树休眠期进行灌溉，以促进来年春天的发育。到了明代，已经出现了"滴灌"的灌溉方式。针对无花果的需水特性，人们在旁边放置滴瓶进行滴灌。滴灌是一种局部灌溉的方法，因为是小范围灌溉可以使水分的渗漏和损失达到最低的程度，从而节水以提高灌溉效率。清代关于水蜜桃栽植的农书中指出，桃"喜干恶湿"，在多雨地区栽培，需开排水沟，以利排水。

4. 修剪整枝

虽然早在先秦文献中已有树木修剪的反映，但对果树的修剪整枝，史籍中却很少述及。仅明代的《农政全书》中提到，果树宜在距离地面6—7尺时截去主干，令其发生侧枝，使树型低矮，以便于采收。至于修剪，宋代时人们已经认识应剪去过于繁盛而又不能开花结实的枝条而促进树木长出新枝。元代，在农历正月的农事中，

枝繁叶茂

夏季修剪葡萄，果实会因得到
充足的雨露而变得饱满

专门列有修剪各色果木一项，内容是剪去低小乱枝，以免耗费养分。明代农书提出葡萄要在夏季结果时修剪，使它的果实可以承接雨露的滋养而更加肥大。明清时期的文献中概括了几种应该剪去的枝条，如向下生长的"沥水条"，向里生长的"刺身条"，并列生长的"骈枝条"，杂乱生长的"冗杂条"，细长的"风枝"，以及枯朽的枝条。古代对树木进行修剪多在落叶后的休眠期。所用工具视枝条大小而异，小枝用刀剪，大枝用斧。切忌用手折，以免伤皮损干。剪口应斜向下，以免被雨水浸渍而腐烂。

古代修剪树木多在落叶后的休眠期进行

5. 疏花疏果与保花保果

南北朝时，《齐民要术》已提出在枣树开花时，已有用木棒敲击树枝，以振落花朵的做法。书中认为如果不这样做，则枣花过于繁盛，以致不能坐果。其后历代典籍中也时有记载。这一做法延续至今，现今的华北地区，仍然有在枣树开花时用竹竿击落一部分枣花的做法。《齐民要术·种枣篇》记有"嫁枣"，即在农历正月一日，用斧背杂乱敲打枣树树干。据说，不这样做的后果是枣树开花而不坐果。书中还提到在农历正月或二月间，用斧背敲打树干，则结果数量多。以后的历代农书中也常提到这种方法。用斧背敲打树干，可使树干的韧皮部受到一定的损伤，使养分向下输送受阻，从而集中供给果实的生长发育。这种方法演化至今，就是现代果树生产中的环状剥皮技术。

6. 防冻防霜

古籍中记有多种多样的果树防冻措

杏树

施。例如《齐民要术》记载，在黄河中下游栽培石榴，每年农历十月起，需用草缠裹树干，至第二年二月除去；栽培板栗，幼龄时也要如此；栽培葡萄，每年农历十月至次年二月间，采用埋蔓防寒法。宋代时，在高纬度的寒冷地区，栽培桃、李等果树，人们创造了埋土防冻的人工匍匐形栽培法。古代史籍中记载的果园防霜的方法主要是熏烟，其次是覆盖。熏烟法最早见于《齐民要术》，其后历代典籍中也有涉及。杏是一年中开花最早的果树，特别容易遭受晚霜的损害，因此，杏园在花期要注意及时应用熏烟法以防霜害。在江苏

红果果树

太湖洞庭东西山栽培柑橘，冬季极寒时，
也要应用熏烟以防霜雪。荔枝的耐寒性次
于柑橘，尤其是幼龄时，根系入土尚不深，
更易遭受霜害，所以幼龄荔枝在极寒时要

果树上的虫卵

防治虫害对于果树成长十分关键

覆盖或熏烟以防寒。

《齐民要术》中有关于防止虫害的记载

7. 病虫害防治

　　关于防治病虫害，古籍中记有多种方法。《齐民要术》指出，冬季可以用火燎杀附着在果树枝干上的虫卵、虫蛹。唐代有人工钩杀蛀蚀果树枝干的天牛类害虫的方法；宋代出现了用杉木作钉堵寒虫害的方法；宋及宋以后的典籍中则提出，可用硫磺或中草药，如芫花或百部叶等塞入虫孔中杀虫。那时华南一带的柑橘园中有放养黄猄蚁以防治虫害的方法。这是中国，也是世界上生物防治虫害的最早记载。到

果实采收

了清代，这种黄猄蚁也被用来防治荔枝的虫害。当时广东省一些地区的果园中在放养黄猄蚁时，还用藤、竹为材料，在树间架设蚁桥，以利蚁群往来活动，消灭害虫，市场上也有整窝的黄猄蚁出卖。这一方法到建国初期仍在广东省的某些果园中应用。宋代人还意识到地衣附着生长在柑橘树干，会夺去柑橘枝叶上的养分，要及时用铁器刮除。

8. 采收

古代果实的采收标准依果树的种类不同而异。例如枣，宜在果皮全部转红时采收。过早采收者，因果肉尚未生长充实，晒制成干枣，皮色黄而皱；果皮全部转红而不收，则果皮变硬。柑橘，在重阳节时，果皮尚青，为求得善价，固然可以采收，但是，若要味美，应以降轻霜后再采收为宜。携李宜在果皮现出黄晕，像兰花色，并有朱砂红斑点时采摘；果皮过青者，太生，风味不好；太熟，则易落果。虽然果实的采摘标准因果树的种类而异，不过，古人也曾概括了一条总的原则：即果实应及时采收，过熟不收，则有伤树势，影响来年的结果。果实的具体采收方法，也是依果树的种类而异。例如枣，用摇落的方法。柑橘，可以用小剪。

三 疏菜园艺

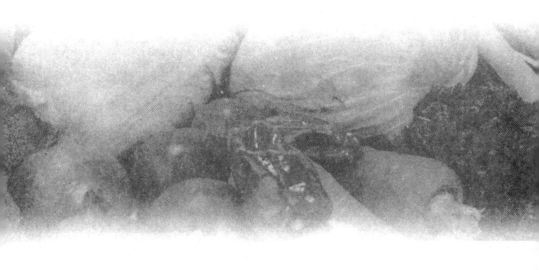

蔬菜品种繁多

蔬菜生产在我国有悠久的历史。西安半坡新石器时代遗址出土谷粒的同时，还发现在一个陶罐里，保留有芥菜或白菜一类的菜子。据测试，时间大约在六千年以前。到了周代，蔬菜栽培已经相当发达了。《诗经》里对蔬菜生产已经有所描述。春秋战国时期，随着城镇的发展，大田作物和蔬菜作物完成了分工，园圃种蔬菜已经成了专业部门。

（一）丰富多采的蔬菜品种资源

我国的蔬菜种类繁多，品种丰富。据清代《植物名实图考》中的记载，当时蔬菜已有一百七十六种之多，现在经常食用的大约在一百种左右。在这一百种蔬菜中，我国原产的和引入的大约各占一半。我国原产的蔬菜，最早的记载见于《诗经》，有瓜、瓠、韭、葵、葑（蔓菁）、荷、芹、薇等十多种。据《齐民要术》记载，黄河流域各地栽种的蔬菜有瓜（甜瓜）、冬瓜、越瓜、胡瓜、茄子、瓠、芋、葵、蔓菁、菘、芦菔、蒜、葱、韭、芥、芸薹、胡荽乃至苜蓿等三十一种。其中现在仍在栽种的有二十一种，余下的已经从菜圃中退出或转作他用。在现有的二十一种中，经过历代劳动人民的精心培育，如菘（白菜）、芦菔（萝卜）已经成为主要的蔬菜，芥因为适应多种用途而有了许多变种。

1. 白菜

白菜古称菘。因为它栽培普遍，并且能四时供应，久吃不厌，深受人们喜爱。白菜中以北方的包心大白菜最有名。大白菜是由不包心的小白菜经过人工培育演化而来的。晋代以前，北方的古书里没有关于白菜的明确记载。南北朝时期，文献中对于白菜的风味和种植方法有了相关记载。到了宋代的文献中，明确出现了北方的北京和洛阳种植白菜的记载。明代李时珍在《本草纲目》中也说：在唐代以前北方没有白菜，但是现在南北

包心大白菜

都有了这种令大家喜欢的蔬菜。可见南北朝时期南方白菜种植已经很发达，北方却是在唐宋以后才开始兴盛。经过精心培育，现在华北地区已经有了五百多个地方品种，有些又引种到南方，栽培上也得到良好的成果。日本是从1875年开始由我国引种白菜的，中间几经波折，后来才迅速推广开来，现在产量和种植面积都占蔬菜中第二位。

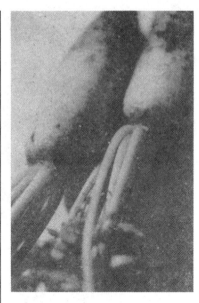

白萝卜

2.萝卜

萝卜古称葖或称芦菔、莱菔。我国。是萝卜的原产地之一。最早的记载见于《尔雅》。唐代时萝卜在长江北部、黄河北部分布最多。到了宋代已经"南北通有"，而江南安州、洪州、信阳的最大，重至五六斤。由于我国萝卜栽培时间久，种植地域广，所以有世界上类型最多的品种。如有一二两重一个的四季萝卜，也有一二十斤一个的大萝卜；有适于生吃色味俱佳的"心里美"，也有供加工腌制的"露八分"等。

3.芥菜

芥菜是我国特产的蔬菜之一，有利用根、茎、叶的许多变种。野生芥菜原产我国，最初只是用它的种子来调味。李

芥菜

时珍在《本草纲目》里说，除了辛辣可以入药的，还有可以食叶的如马芥、石芥、紫芥、花芥等。现在叶用的有雪里红、大叶芥等，茎用的变种有著名的四川榨菜，根用的变种有浙江的大头菜等。这是我国古代劳动人民在改造植物习性上的又一项成就。

4.改良品种

　　除了驯化培育，我国还从很早就不断引进外来蔬菜，经过精心培育，逐渐改变了它们的习性，使其适应我国的风土特点，创造出许多新的、优良的类型和品种。如黄瓜，原来瓜小、肉薄，经过改进，不仅瓜型品质有了提高，而且还育成了适应不同季节和气候条件的新品种，从春到秋都可以栽种。原产印度的茄子，原始类型只有鸡蛋大小，而在我国很早就育成了长达七寸到一尺的长茄，重到几斤的大圆茄。华北的紫黑色大圆茄已经引种到许多国家。辣椒原产美洲，后来经由欧洲传入我国，不过三四百年，但是我们已经有了世界上最丰富的辣椒品种。除了长辣椒，还育成了许多类型的甜椒，其中北京的柿子椒已经引种到美国，命名为"中国巨人"。国外的许多甜椒品种就是在它的基础上选育出来的。这都是勤劳智慧的中国人民对世界的贡献。

（二）蔬菜栽培技术

　　我国农业生产有精耕细作的传统，劳动人民培育出了丰富多样的品种。几千年来中国劳动人民又在蔬菜栽培技术方面积累了丰富的经验。大田作物的一套传统的

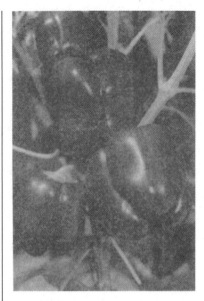
紫贵人甜椒

茄子

精耕细作方法，有不少是首先在蔬菜栽培中创造出来的。

1. 南北朝及其以前时期

北魏著名的农学著作《齐民要术》共90篇，其中有15篇专门记述蔬菜栽培技术，共介绍了当时黄河中下游栽培的31种蔬菜，从选地到收获、贮藏、加工作了较全面的论述。

（1）土壤选择与耕作

当时栽培蔬菜十分注意土壤的选择，一般均选用较肥沃的土壤。如种葵（冬寒菜）和蔓菁（芜菁）要选择"良地"，芜荽宜选用"黑软青沙地"，大蒜宜选"良软地"，薤宜选"白软地"等。菜地要求熟耕。如：种芜荽要3遍熟耕；种姜最好纵横耕7遍等等。不过也常根据具体情况灵活掌握，比如：当芜荽连续耕作时，如果前茬地肥沃，而又不板结的话，也可不加耕翻，以节省劳力。

关于充分合理利用土地的问题，《齐民要术》中也提到，一年里葵可以种三次，韭收割不过五回，反映了在一块土地上连续播种收获同一种蔬菜的情况。至于说到在瓜区中间种薤或小豆，葱里杂种胡荽，反映出当时在蔬菜栽培上已经出现了套种。套种

《齐民要术》

栽培蔬菜要注意对土壤的选择

是我国农民的传统经验，是影响深远的增产方式。《齐民要术》中还有一个在蔬菜生产中充分利用土地，增加作物产量的例子：对于一个农民来说，如果生活得靠近城镇，一定要多种些瓜、菜、茄子等等，这样既可供给家用，多余的还可出卖。假如有十亩地，选出其中最

畦田种菜

肥的五亩，用二亩半种葱，其余的二亩半种杂菜。用这二亩半地，分别在二、四、六、七、八月，种上瓜、葵、莴苣、萝卜、蔓菁、白豆、小豆、芥、茄子近十种蔬菜。这样频繁的栽种，一方面说明农民当时对于土地利用率的重视，另一方面反映出当时蔬菜种植的技艺水平已经相当高了。

（2）畦种水浇

早在春秋时就分畦种菜。分畦就是对田园进行分区种植。《齐民要术》中常强调畦种可以合理地利用土地，菜的产量也高；便于浇水和田间操作，避免人足践踏菜地。当时菜畦的大小是长2步，广1步，至于畦的高低，书中未说明，不过对于栽培韭菜，则特别强调畦一定要作得深。因为韭菜每采收一次都要加粪。蔬菜大都柔嫩多汁，生长期中耗水量较多，必须经常浇水。北方大都采用井灌。

（3）施肥

蔬菜一般生长期较短，需肥量较大，菜地一定要施用基肥。基肥通常用大粪，或先于菜地播种绿豆，到适当的时候将青豆直接翻埋到土壤中，充作基肥。播种后还常施用盖子粪，即在播种完成后，随即用腐熟的大粪对半和土，或纯粹用熟粪覆

黄瓜架

选种很重要

尖椒

盖菜籽。蔬菜生长期中要施追肥，尤其是分批采收的蔬菜，如葵、韭菜每次采收后都要"下水加粪"。

(4) 种子处理

播种前依蔬菜的种类不同进行不同的种子处理。对某些蔬菜的种子，如葵、芫荽等，强调在播种前必需予以曝晒，否则长出来的菜不会肥壮。市售的韭菜种子，购回后应检查它的新陈。《齐民要术》中的方法是用小铜锅盛水，将韭菜籽放入，在火上微煮一下，很快就露出白芽的，便是新籽；否则便是陈籽。通常所称的芫荽的"种子"，在植物学上属双悬果，播种前宜搓开，否则不易吸水，有碍萌发。方法是将双悬果布于坚实的地上用湿土拌和后，用脚搓，双悬果即可分成两瓣。这类较难发芽的种子，如芫荽等，可先进行浸种催芽，而后再播种。莲藕的种子——莲子因外皮是革质，播种前可应用机械损伤法，即先将莲子的尖头在瓦上磨薄，然后再播种。生姜系采用无性繁殖法，早在东汉时就知道种姜要在清明后十天左右封在土中，到立夏后，种姜的芽开始萌动后再行播种。

(5) 田间管理

栽培蔬菜除适时浇水、追肥外，还

葫芦种植

要及时进行锄草，这对于瓜类蔬菜尤为重要。早在西汉时，人们就已知道应用打叉、摘心等方法控制单株结实数，以培养大瓠（葫芦）。到南北朝时，进一步认识到甜瓜是雌雄异花植物，雌花都着生在侧蔓上，栽培中应设法促生侧蔓，以便多结果。当时还不知道应用摘心以促生侧蔓，而是选用晚熟的谷子为甜瓜

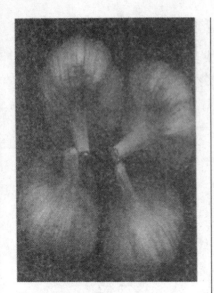

蒜头

之前栽种的作物。

谷子成熟后，只收割谷穗，而高留谷茬。犁地时，将犁耳向下缚平，使谷茬不致被翻压下去。待甜瓜发芽后，锄草时注意使谷茬竖起，让瓜蔓攀在谷茬上，便可多发生侧蔓，从而多结果。

(6) 病虫害防治

关于蔬菜病虫害防治方法，《齐民要术》也提到一些。如：适当安排播种期以避免虫害，在甜瓜地中置放有骨髓的牛羊骨以诱杀害虫等。此外还提到治瓜"笼"的方法：用盐处理甜瓜籽后再播种，以及在甜瓜的根际撒灰均可治瓜"笼"。不过关于"笼"的确切含义究竟是指虫害抑或病害尚待考。

(7) 采收

蔬菜的采收标准因种类而异。叶菜类一般都是整株采收；或掐头采收，留下根株发叉继续生长。大蒜头应在叶发黄时及时采收，否则易炸瓣。

(8) 贮藏

西汉的文献中已有用窖藏芋的记载，只是未提窖的具体筑法。《齐民要术》中有较详细的记载：农历9—10月间，选择向阳处挖4—5尺深的坑，将菜放入坑中，一层菜一层土相间放至距离地面一尺处。

有关花木的嫁接技术至宋代才有记述

酱菜

最上面用谷草厚厚地覆盖，此法相当于现在的埋藏法。

(9) 加工

先秦文献中已有各种盐渍蔬菜的记载。《四民月令》中提到酱菜的加工。《齐民要术》中记载的蔬菜加工方法有盐渍、糟藏、蜜藏等。

总之，南北朝及其以前时期，蔬菜的栽培技术已十分丰富而细致。

2. 南北朝以后的发展

南北朝以后，多种形式的蔬菜栽培技术发展迅速。黄河中下游是我国早期农业的基地之一，在这冬季寒冷干燥而又漫长的地区，自古能够做到周年均衡供应新鲜

温室蔬菜

蔬菜，的确很不容易。为了争取多收早获，我国蔬菜生产除了露天栽培外，历代劳动人民还在生产实践中创造了保护地栽培、软化栽培、假植栽培等多种形式。像风障、阳畦、暖窖、温床以及温室等，到现在仍在沿用。

大棚蔬菜

（1）保护地栽培

保护地栽培是在露地不适于作物生长的季节或地区，采用保护设备，创造适于作物生长的环境，以获得稳产高产的栽培方法，是摆脱自然灾害影响的一种农业技术。简易的保护设备有寒冷季节利用风障、地膜覆盖、冷床、温床，以及塑料大、小棚和温室；利用保护地栽培蔬菜，世界上当以我国为最早，至迟在西汉已经开始。当时富人的餐桌上就有了经过加温培育的韭菜。汉元帝时期宫廷内为了在冬季培育葱和韭菜，盖了房屋，昼夜不停地加温来生产以满足皇室贵族的需求。根据传说，秦始皇的

时候，在骊山已经能够利用温泉在冬季栽培出喜温的瓜类。到了唐代，就有了利用温泉的热能栽培蔬菜的明确记载，宫廷内用温泉水栽培瓜果，在农历的二月贵族们就已经开始享用瓜果了。

香瓜

到了元代，农人们已注意到瓜类和茄子是喜温蔬菜，种子萌发要求较高的温度，在气温尚低的农历正月，必须设法创造一个温度较高的环境进行催芽，才能使其萌芽。当时就采用瓦盆或桶盛腐粪，待其发热后将瓜类、茄子的种子插入，经常浇水，白天置于向阳处，夜里置于

灶边，等种子发芽后，种于肥沃的苗床中。适当时节用稀薄的粪土浇灌，并搭矮棚遮护。待瓜茄苗长到适当大小时，带土移栽至本田。这种利用太阳的光能来保持温度，没有人工加温设施的方法叫阳畦。元代利用阳畦生产韭菜的方法是，在冬季的阳畦内，利用马粪覆盖发热，还在迎风处用篱障遮挡北风，到春天的时候韭菜芽长出，长到二三寸的时候收割下来获得新韭。用阳畦生产比温室更加经济，因为不用人工加热方法，所以它相当于现在的冷床育苗。

（2）温室栽培

利用粪秽"发热"催芽，和现在利用酿热物发热的温床道理是一致的。可

温室栽培

贵的是，600多年前，农人们已知道粪秽发酵能产生相当高的热量，必须等发酵高峰过去后，才能用来给喜温的蔬菜催芽。清代文献中出现了"苗地"这一名称。当时对早春培育辣椒的苗地有严格的要求：苗地要选择高而干燥的肥沃之地，预先施以基肥，并精细整治。播种后，苗地上要搭矮棚遮护雨雪，防寒保暖。搭棚所用的材料为不透光的"草"，幼苗出土后，遇天气晴朗，白天应予揭去，使幼苗见日光。清代后期，四川省某些地方已创造出利用酿热物发热的温床培育瓜类和茄果类蔬菜的秧苗，名为"发热堂子"。方法是在立春、雨水之间挖

温室栽培

豆子

三四尺宽深的坑，填入甘薯藤、稻草、牛粪等，洒以人粪尿，上面盖四五寸厚的粪渣或沙土，即成为"堂子"，如此分期挖成4—5个堂子，以备播种和逐步移栽秧苗。到惊蛰后，将瓜类或茄果类蔬菜的种子用水泡涨后密播于最先挖的堂子中，覆以谷壳，再盖以草荐。发芽后，天气晴朗时，白天揭去草荐，夜晚及雨天仍用草荐盖好。待子叶展开后，按0.6—0.7寸的株行距每两株相并，移至第二次挖的堂子中。经10余日长出两片真叶后，按1寸左右的株行距移至第三次挖的堂子中。如此经数次移栽，到天气转暖时，定植至本田。其时堂子中的酿热物业已腐熟，可用作肥料。

（3）软化栽培

由阳畦、温室供应的蔬菜，在品种和数量上终归有限。冬季每天吃贮藏的萝卜、白菜，也嫌有些单调。于是就有了更加简便的用软化栽培生产的"黄化蔬菜"。早在战国时期就已有被称做"黄卷"的豆芽菜了。那是大豆发芽后的干制品，供药用。取发芽的大豆入蔬始于南宋，当时被称为"鹅黄豆生"。宋代以后，孵豆芽发展成一套完整的技术。入明以后，取发芽的绿豆入蔬，名"豆芽菜"。明代后期，黄豆和绿豆均用来

豆苗

发芽后入蔬，分别称为黄豆芽和绿豆芽。生产豆芽菜的要点是，供应适量的水分，保持一定的温度，勿令见风日。豆芽菜是我国劳动人民的独特创造，它是使种子经过不见日光的黄化处理发芽做成的。黄豆、绿豆和豌豆都可以用来生芽。它不只清脆可口，而且营养丰富，所以深受广大人民群众的喜爱。

黄化蔬菜，不限于豆芽菜一类，韭、葱、蒜以至芹菜的秧苗都可以作黄化处理，其中韭黄一直受人珍视。北宋时已有韭黄生产，北宋的农书中首次记载了培养韭黄的方法：冬季，将韭根移至地窖中，用马粪施肥培土，即可长1尺多高。

韭菜花

黄瓜

由于不见风日，所以长出来的叶子黄嫩，因此名之为"韭黄"。孟元老在《东京梦华录》里，也说到当时开封在十二月里，街头也有韭黄卖，可见韭黄至迟在北宋已经有了。

（4）瓜类整蔓

经过长期栽培后，人们对各种瓜类的结果习性有了较深刻的认识。到了清代，已知道针对其结果习性对不同的瓜类采取不同的整蔓措施。如：葫芦要摘心，瓠子不可摘心；甜瓜要打顶，黄瓜不打顶等。

（5）无土栽培

最早的无土栽培出现在我国，"浮田

菜窖

种蕹菜"便是其最初的形式。蕹菜要求高温湿润。在闽、广等地，古代常用苇秆或竹篾编成筏，浮在水面上。将蕹菜籽播于水中，长成后，蕹菜的茎叶从筏孔中穿出，随水深浅而上下浮动，称为"浮田"，可看作是最早的无土栽培。

(6) 菜窖的改进

明代文献中记载的菜窖较《齐民要术》

时期有了明显的改进：选择向阳高处，掘7-8尺深，上面用草覆盖，窖口留门。秋季蔬菜长成后，连根拔起，摆放窖内，根部无需培泥。据说可贮至次年春季。此法已相当于现在的活窖贮存。

（7）食用菌栽培

先秦文献中已有以食用菌作为食品的记载。《齐民要术》记有食用菌的烹调方法。在唐代农书中首次提到构菌的栽培方法：用烂构木及叶埋于地中，常浇以米泔水，经2-3日即可长出构菌；或在畦中施烂粪，取6-7尺的构木段，截断捶碎，均匀地撒于畦中，覆土。常浇水保持湿润。见有小菌长出，用耙背

食用菌

推碎。再长出小菌，再推碎。如此反复3次，即可长出大菌，可以采食了。元代农书中记有香菇的栽培方法：选择适宜的树种，如构树等，伐倒，用斧砍劈成坎，用土覆压。等树腐朽后，取香菇锉碎，均匀地撒入坎中，用蒿叶及土覆盖。经常浇以米泔水。隔一段时间用棒敲打树干，称为"惊蕈"，不久就可以长出香菇。清代在广东及江西的一些地方常栽培喜温性真菌——草菇，系以稻草为培养料栽培的。在湖南的一些地方则用苎麻秆及粗皮为培养料栽培，当地称为"麻菇"。

由上可见，我国在蔬菜园艺方面取得了很大的成就，为世界农艺作出了不可磨灭的贡献。

四 花卉园艺

花卉泛指一切可供观赏的植物

花卉泛指一切可供观赏的植物。包括它的花、果、叶、茎、根等。通常以花朵为主要观赏对象。"花"在古代作"华"，约从北朝起，逐渐流行以"花"代"华"。"卉"的本意为草，是"草"的简写。"卉"是草类的总称，故古代"花卉"常称"花草"。古代称草本开花为"荣"，木本开花为"华"。"荣华"连称，泛指草木开花。所以花卉也就是代表一切草木之花。中国的花卉资源丰富，经过长时间的引种和国内外交流，积累了很多栽培经验。

（一）花卉栽培的起源和发展

独立的花卉栽培是从混合的园圃中分

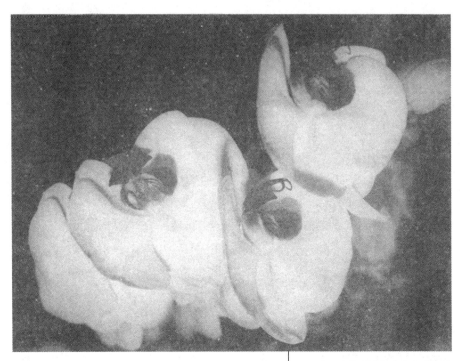

化出来的。殷商甲骨文中已有园、圃、囿的存在。园圃是栽培果蔬的场所，所栽果木如梅、桃等也兼有很好的观赏价值。囿和苑都是人工圈定的园林，有墙称囿，无墙为苑。汉武帝利用旧时秦的上林苑，加以增广，南北各方竞献名果异树，移植其中，多达2000余种，有名称记载的约100种，建成了中国历史上第一个大规模的植物园，在中国花卉栽培史上有较大影响。河北望都一号东汉墓中发现墓室内壁有盆栽花的壁画，表明盆栽花至迟在东汉时已流行。

从花卉本身的演变看，许多花卉原先

狭义的花卉是指有观赏价值的草本植物

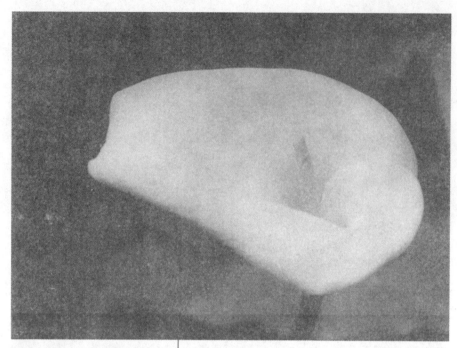

人们喜爱的花朵，逐渐转变成
专供观赏的花卉

本是食用、药用的植物，人们喜爱其花朵，遂逐渐转变成专供观赏的花卉。或者食用、药用兼顾，如白菊花、芍药等。但是，更多的是发展成为专门的观赏花卉，如中国独特的牡丹、兰花、菊、蜡梅、月季、茶花等，它们是花卉的主流。另一类植物如松柏、梧桐、竹、芭蕉等在中国园林和家庭宅院中占有特殊的观赏地位，可说是广义的花卉，即观赏植物。

自从有了园圃和苑囿，便从农民中分化出专门从事栽植观赏植物的劳动者。这些人世代经营，经验日益丰富，形成了专业的花卉种植户——花农和供应花卉的花市。隋唐时期，花卉业大兴。唐朝王室宫苑赏花之风盛行。长安城郊已有专业的花农，花市上出售花木有牡丹、芍药、樱桃、杜鹃、紫藤等等。春季京城中还有"移春槛"的活动，就是将名花异草植在笼子内，以木板为底，装以木轮，使人牵之自转，以供游人赏玩。还有"斗花"之举，富家豪商不惜千金买名花种于庭院中，以备春天到来时斗花取胜。这些赏花游乐活动，推动了花卉种植，长安几乎成了花的城市。宋元时期花卉的观赏从上层人士向民间普及，洛阳的风俗就是民众大都好花。春季到

唐朝王室宫苑赏花之风盛行

来时，城中人无论贵贱都插花，就连挑着担子卖货的小贩也是如此。花开时节，无论士人还是百姓都去观赏，热闹异常，到花落季节才算过去。南宋临安以仲春十五日为"花朝节"，有"赏芙蓉""开菊会"等结社会赏花活动。钱塘门外形成花卉种植基地，四时奇花异草，每日在都城中展览。民间纷纷栽种盆花，相互馈赠。明清随着商品经济发展，更促进了花卉业的繁荣。华南地区的气候温暖，更适宜花卉发展，其花卉品类也不同于北方，花卉专业和花市盛况绝不亚于北地。除了专业花农，还出来中间商——"花客"。

多数花卉在冬季通过加温都能提前开花

（二）栽培技求

花卉的栽培技术除了部分与大田作物相似外，更富有特殊之处。经过几千年积累，都散见于各种零星文献中，直至清初的《花镜》才有了系统的整理叙述。该书卷二的"棵花十八法"可说是集花卉栽培之大成。下面择要进行介绍。

1. 引种

花卉的栽培、品类的变异和增加，是与异地和异域不断引种有关的。最早的大规模异地引种即是上述的汉武帝上林苑。以后历代的引种，连绵不断。《南

防治虫害是花卉栽培中必不可缺的环节

方草木状》所记岭南植物80种，其中的茉莉、素馨等即为自波斯引入。唐代李德裕曾将南方的山茶、百叶木鞭蓉、紫桂、簇蝶、海石楠、俱那、四时杜鹃等花木引种在他的洛阳别墅平泉庄内，共有各地奇花异草70余种。白居易曾将苏州白莲引种于洛阳、庐山杜鹃引种于四川忠县。牡丹原盛于洛阳，宋以后随着异地引种栽培，安徽亳州、山东曹州崛起成为牡丹著名产地。菊花原产长江流域和中原一带，元代起，渐向北方引种，直至边远地方也种菊花。

2. 无性繁殖

砧木嫁接

从唐宋时期起，嫁接的应用已经不

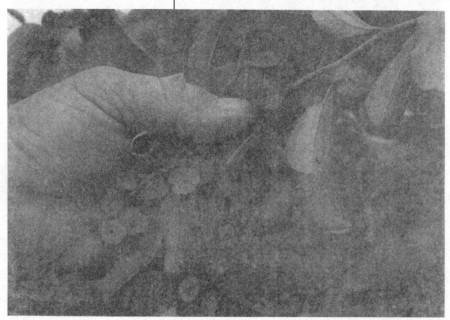

嫁接的洋槐花

限果树桑木，并且推广到花卉上。宋代文献中就已有关于嫁接牡丹的记载。牡丹原产我国西北地区，它花大色艳，富丽多姿，深受人们喜爱。但最初却是作为药用植物被人采摘的。到了隋唐时期才成为主要供观赏用的花卉来栽种。宋代除了用引种、分株和实生等方法，还采用嫁接来繁殖。嫁接的好处不只能产生新种，而且还能把新种很快繁殖起来。所以宋代牡丹的品种既多，花型花色的变化也就更加复杂了。当时洛阳还出现了一些靠嫁接牡丹为生的园艺专业户。嫁接的牡丹多已成为特殊的商品在市场上出售。嫁接的花卉除了牡丹，还推广到海棠、菊花、梅花等等。这虽然是由于迎合文人雅士和官绅的兴致，但也反映出当时的劳动人民在园艺技巧上的非凡成就。达尔文在《动物和植物在家养下的变异》一书中指出过："按照中国的传统来说，牡丹的栽培已经有一千四百年了，并且育成了二百到三百个变种。"在这些变种中就有许多是靠嫁接获得的。

实际上，花卉种植中利用无性繁殖较普遍。宋代农书中认为，花应该在大约三年或二年就进行分株。如果不分的话，旧根就会变老变硬而侵蚀新芽。但分株也不可过于频繁，分得太频繁也会对花株造成

牡丹栽培历史悠久

无性繁殖是花卉种植的一种方式

损害，要按着时节适时分株。分株的标准要看"根上发起小条"，就可以分。对于大的树木移植，须剪除部分枝条，以减少水分蒸腾，并防风摇致死。扦插的要点是要赶在阴天才可进行，最好是赶上连雨。插时须"一半入土中，一半出土外"。如果是蔷薇、木香、月季及各种藤本花条，必须在惊蛰前后，拣嫩枝砍下，长二尺左右，用指甲刮去枝下皮三四分，插于背阴之处。有关花木的嫁接技术至宋代

早在隋唐时期，花卉艺术就已崭露头角

才有记述，以后逐渐增加。北宋欧阳修叙述过牡丹的嫁接方法，其砧木要在春天到山中寻取，先种于畦中，到秋季乃可嫁接。据说，洛阳最名贵的牡丹品种"姚黄"一个接穗即值钱万千，接穗是在秋季买下，到春天开花才付钱。嫁接的技术性很强，并非人人会接，当时著名的接花工，富豪之家没有不邀请的。当时

中国花卉种植技术在不断提高

对于接花法的论述很多，有人指出在接花时砧木与接穗皮须相对，使其津脉相通。有人提到当时洛阳的接花工以海棠接于犁上可以提前开花。还有人认为果实、种子性状相似的植物，其亲缘也相近，容易接活。清代有人以艾蒿为砧木，根接牡丹，使牡丹愈接愈佳，百种幻化，遂冠一时。

蝴蝶花

3. 种子繁殖

宋时已注意到长期进行无性繁殖的花木要改用有性的种子繁殖，因为自然杂交所结的种子，后代容易产生变异，再从中选择，便可获得新的品种。当时花户大抵多种花子，以观其变。对种子繁殖的土壤肥料要求，正如《花镜》所

花农要定期整枝、摘心

说地势要高，土壤要肥。锄耕要勤，土松为好。下种的时间因花卉而异。下种的天气宜晴，雨天下种不易出芽，但晴天下种后三五日内最好有雨，不下雨要浇水。果核排种时必以尖朝上，肥土盖之。细子下种，则要盖灰。

4. 整枝摘心

宋时苏州一带花农已知道识别梅的果枝和生长过旺、发育不充实的徒长枝，采取整枝、摘心、疏蕾、剪除幼果等方法，使花朵开多开大。《花镜》对整枝的必要性，还从观赏的角度申述，认为各种花木，

君子兰

如果任其自由发干抽条，未免有碍生长。需要修剪的要修剪，需要去掉的就要去掉，这样才能使枝条茂盛有致。修剪的方法要看花木的长相，枝向下垂者，当剪去。枝向里去者，当断去。有并列两相交的，当留一去一。枯朽的枝条，最能引来蛀虫，当速去除。冗杂的枝条，最能碍花，应当选择细弱的除去。粗枝用锯，细枝用剪，截痕向下，才能防雨水沁入木心等等。这些都是很实用的知识。

5. 治虫防虫

治虫防虫是花卉栽培中必不可缺的环节。防治害虫的措施记载，初见于宋

牡丹防虫很重要

代，至明清而更加完备。《洛阳牡丹记》提到牡丹防虫的方法是这样的：种花之前一定要选择好的土壤，除去旧土，用细土和白蔹末一斤混合。因为牡丹根甜，很容易引虫食，白蔹能杀虫，这是防治虫害的种花之法。还指出如果花开得变小了，表明有蠹虫，要找到枝条上的小孔，这就是虫害所藏之处。花工将这种小孔

洛阳民众大都爱花

称为"气窗"。用大针点硫酸末刺它。虫被杀死后花就会重新变得繁盛。可见宋时使用的药物治虫有白芨、硫磺等，种类较少。到明清时，药物种类大为增加。光是《花镜》中提及的植物性药物有大蒜、芫花、百部等，无机药物有焰硝、硫磺、雄黄等。此外，还有采取物理方法如烟熏蛀孔、江蓠粘虫等。

花卉欣赏给人们带来了精神上的极大享受，同样起到这个作用的还有中国古代园林。

五 园林艺术

现代园林艺术承继了古代园林的
艺术风格

园林是中国独有的传统艺术

前人为我们留下了辉煌的园林艺术

园林是中国独有的传统艺术，它是由山水、花木、建筑等组合而成的一个综合艺术品。中国园林建筑艺术有着鲜明的民族特色，体现出传统的民族文化。在中国的园林中，自然的山水林泉和人工的厅堂亭榭巧妙地融为一体，使游人触景生情，给人以启示和遐想，达到情景交融的境界。追求自然的意境是中国造园艺术的最终和最高的目的，而这种意境的创造，必须要有丰富的文化内涵，通过"诗情"与"画意"将传统的审美观与自然景物密切地结合起来。

我国的园林艺术有着非常悠久的历

史，前人为我们创造了极其辉煌的古代园林艺术，留下了丰富的艺术遗产。

（一）中国古典园林基本类型

关于古典园林的分类，因划分的依据和方法不同，有几种不同的分法：

一种是最笼统的分类，将古典园林分为两大类，一类是皇家园林，一类是除了皇家园林之外的，统称为私家园林。

一种是根据地域不同将古典园林分为三大类型，集中在南京、无锡、苏州、杭州等地的为南方类型；集中在西安、洛阳、开封、北京等地的为北方类型；集中于潮汕、广州等地的为岭南类型。

还有将古典园林分为四种类型的，包括自然园林、寺庙园林、皇家园林和私家园林。

中国园林经历几千年的发展，形成了具有中国特色中国风味的传统艺术形式，

（二）中国古典园林发展简史

中国园林的历史大概可以追溯到3000年前，即大概是殷商时期。园林建设一直同政治、经济和文化的发展密切相关。因为园林艺术是一门高度发达的综合艺术，它需要经济、文化发展到一定程度，社会财富积累到一定阶段才能

江南古典园林

江南古典园林

修建这样具有丰富文化内涵、供人享受游乐的园地。

园林的最初形式是"囿"。《史记》中记载的是，商纣王对人民施以重赋劳役。建造很多沙丘苑台，在里面散养着各种野兽和禽类，供自己在其中打猎取乐。这就是"园囿"的起源。而这片圈起来的园地，为了让天然的各种草木和鸟兽滋生繁育，进一步挖池筑台，建桥修路，成为专门供帝王带领后妃和贵族们狩猎游乐的场所。这就是园林的雏形。

春秋战国时期的园林已具有一定规模，有了成组的风景，既有土山又有池沼、

园林的最初形式——囿

亭台，追求自然山水之美的艺术风格已经萌芽，而不再仅仅局限于"囿"的模式。那时正是一个诸侯纷起竞相争霸的局势，周天子的权威地位受到很大冲击，使原本象征天命、只能由天子建造的高台逐渐成为了诸侯园林的审美主体。各个诸侯国纷纷壮大自己的力量，并在自己的园林中大兴土木来显示自己的国力，用园林的规模来炫富斗势。

秦灭六国建立了统一的封建帝国。秦始皇为了显示皇权的至高无上，大修苑囿，并且将苑囿和宫殿相结合，为后世帝王的宫苑建筑开创了先例。例如，秦

中国园林建筑艺术集山水、花木、建筑于一体

始皇修建的"上林苑"，规模极其庞大，杜牧曾描述的气势磅礴的阿房宫仅仅是其中的一处建筑。汉武帝好大喜功，热衷求仙以长生不老，也是一个喜欢修建宫苑的帝王。他在长安城西建筑章宫，宫内挖"太液池"，池中堆造三山，以象征"蓬莱""方丈""瀛洲"三座海上仙山。隋唐以后的皇家宫苑都仿效这一布局，并沿用了太液池的旧名，一直到明清。现在北京中南海和北海就是明清时代的太液池。由此可见，中国最早出现的园林属于皇家园林，经过几千年的发展，已经形成自己的特点：集朝会、

居住、游赏、狩猎于一身的多功能的住所。中国古典园林经过春秋、战国时期的发展，及至秦汉时期的发展，则完成了从商、周的园、囿向秦、汉宫苑和私家园林的转化。

园林一景

私宅园林始于西汉，其主人多为贵族和富豪。其布置与结构也是极尽奢华。魏晋南北朝时期，是中国园林史上上的一个重要时期。这一时期的私人造园得到很大发展。它奠定了我国古代私家园林的基本风格和"诗情画意"的写意境界，并转而深刻地影响了皇家园林的发展。文人、画家参与造园，进一步发展了"秦汉典范"。北魏张伦府苑，吴郡顾辟疆的"辟疆园"，司马炎的"琼圃园""灵芝园"，吴王在南京修建的宫苑"华林园"等，都是这一时期有代表性的园苑。南北朝时代，随着佛教兴盛，佛寺建筑广为开展。因为宗教宣传和信仰的关系，佛寺建筑可用宫殿形式，装饰华丽、金碧辉煌并附有庭园，有其独特的种值。寺观从而逐步成为一般平民借以游览山水和玩乐的胜地，寺庙园林此时最为兴盛。

到了隋唐时代，文人显贵造园之风更是兴盛，大批文人、画家参与造园，寓画意于景，寄山水为情，逐渐把我国造

唐代以来，大量私宅园林在南方出现

园艺术从自然山水园阶段推进到写意山水园阶段。同时推动了造园理论的深化和确立。长安和洛阳两座大城市的郊区都是贵胄的私家园林。既是诗人又是画家的王维曾作"辋川别业"，相地造园，园内山风溪流、堂前小桥亭台，都依照他所绘的画图布局筑建，表达出其诗作与画作的风格。而白居易在洛阳的私园

却是一座典型的人工"市隐宅园"。唐代以来，江南的经济迅速发展，文人显贵多出现在江浙，所以大量的私宅园林在南方出现也就不足为怪。

　　隋唐之后，宋朝、元朝造园进一步加强了写意山水园的创作意境，"文人园"日臻成熟，审美情趣偏于细腻、婉约、写实，影响皇家园林的规模更趋小型化。经过唐代对园林意境的开拓，又经过两宋的进步发展，为中国古代造园艺术登入艺术大雅之堂，成为一门独立的艺术品类，奠定了基础。明朝朱元璋推翻元朝统治后建都金陵，当时社会经过恢复发展已经逐渐昌盛，

中国造园多以追求自然精神境界为目的

圆明园曾是中国最宏大美丽的皇家园林

所建宫苑大都宏大而壮丽。明朝宫苑代表是紫禁城西面的西苑。清代皇帝都喜欢建筑行宫园林，在北京附近修建很多大型行宫御苑，最著名的有圆明园等，还有承德的避暑山庄。明清时代的江南经济最为发达，修建园林蔚然成风，形成了几次造园高潮。南方现存私宅园林大多是明清两代的遗物。

到了清末，由于外来侵略，西方文化的冲击，经济崩溃等原因，造园理论探索停滞不前，使园林创作由全盛到衰落。但中国园林的成就却达到了它历史的巅峰，其造园手法已被西方国家所推崇和模仿，

承德避暑山庄长廊

在西方国家掀起了一股"中国园林热"。中国园林艺术从东方到西方，成了被全世界公认的"世界园林之母""世界艺术之奇观"。

纵观中国古典园林的发展历史：中国造园艺术，是以追求自然精神境界为最终和最高目的，从而达到"虽由人作，宛自天开"的目的，是在批判性地继承前人创作的基础上而有所创新，以此推动中国园林不断向前发展演变。它深含着中国文化的内蕴，是中国文化史上的艺术珍品，是中华民族内在精神品格的体现，今天仍是我们需要继承与发展的绚丽事业。

（三）中国园林艺术手法

中国园林之所以在世界上具有很高的地位，和它的巧妙艺术手法和高超的造园技艺分不开。中国园林艺术的关键词就是"自然"和"以小见大"。

1. 模拟自然，同时深含人文精神

中国古典园林的园景主要是模仿自

苏州拙政园

然，用人工的力量来建造自然的景色。所以，园林中最重要的部分包括凿池开山，栽花种树，用人工仿照自然山水风景，或利用古代山水画为蓝本，参以诗词的情调，构成许多如诗如画的景致。中国古典园林的这一特点，主要是由中国园林的性质决定的。因为不论是封建帝王还是官僚地主，他们久居深宫大院，都怀有一种难以割舍的"山林之乐"的情怀。因此，他们的园林艺术都追求幽美的山林景色，以达到身居深宫而仍可享受山林之趣的目的。

中国古典园林虽然是艺术地再现自然，但却不是无目的地再现，而是在自然

中国园林艺术着眼于"自然"和"以小见大"

私人园林体现了园林主人的品位

景物中寄托一定的理想和信念，借助自然景物来表达园主人的志向和情趣，以满足人的某种精神追求。园名景名的设计就是中国古典园林表情达意的一种手法。文人骚客常把出世入世的人生态度和对景物的理解转化成充满个性和诗情画意的文字，由此引发他人的思索，激发别人的情感，从而使景不单纯成为景，而是融合了深厚的人文情怀的景观。苏州的"拙政园"是明代御使王献臣所建，他不满朝政，退而居家，取晋代潘岳《闲居赋》中"拙者为政"之意命名，寄托了娱乐山水而避朝政的愿望。扬州有座"个园"，相传是郑板

中国最早出现的园林属于皇家园林

桥的私家园林，郑板桥爱竹众人皆知，而"个"就是竹的象形，竹有高尚的品德。园林主人的用意就在于显示其自身的"清风亮节"，不流于世俗的志趣。中国古典园林借景抒情，把深远的意境、人文的思索、悠然自得的情趣蕴藏在具体的景物形象中。

2. 有限的空间，无限的园景

受社会历史条件的限制，中国古典园

林绝大部分是封闭的，也就是园林的周围建有围墙，景物被围在园内。而且，除少数皇家宫苑外，园林的面积一般都比较小。要在一个极其有限的范围内再现自然山水之美，最重要也是最困难的就是突破空间的局限，在有限的空间内展现出无限的大自然之美。中国古典园林的最高成就恰恰就在这个方面，讲究的是"诗情"和"画意"。中国传统绘画讲究的是缩千里于尺幅之中，在方寸之间展现千里江山。这一点上，中国园林也有异曲同工之妙。它凝聚自然山水的精华，让游人在有限的空间尽量多地欣赏到不同的景色，在较短的时间内尽量多地观览到丰富多彩的风光。扬州个园的四季假山，在一小块境地里，通过叠石造山，巧妙地组合成四时之景，这就是中国古典园林的精华所在。这种"虚实相生""以少许胜多许"的艺术构思，表现了中国园林艺术的重要特色。一般来说，中国古典园林突破空间局限，创造丰富园景的最重要的手法，就是采取曲折而自由的布局，用划分景区和空间以及"借景"的办法。

（1）"曲径通幽"的布局安排

所谓"曲径通幽"的布局在面积较小的江南私家园林，表现得尤其突出。它

拙政园长廊

拙政园每年要举办各类花展

们强调幽深曲折，景致要深要曲才有情趣，有韵味。例如，苏州多数园林的入口处，常用假山、小院、漏窗等作为屏障，适当阻隔游客的视线，使人们一进园门不能一眼看到全部园内景致，要几经曲折才能见到园内山池亭阁的全貌。以布局紧凑、变化多端、有移步换景之妙为特点的苏州留园，在园门入口处就先用漏窗，来强调园内的幽深曲折。一些园林在走廊两侧墙上开若干个形状优美的窗孔和洞门，人们行经其间，它就像取景框一样，把园内的景物像一幅幅风景画那样映入优美的窗孔和洞门。

(2) 对景区和空间的划分

至于划分景区和空间的手法，则是通过巧妙地利用山水、树木、花卉、建筑等，把全园划分为若干个景区，各个景区都有自己的特色，同时又着重突出能体现这一园林主要特色的重点景区。例如，苏州最大的园林——拙政园，全园包括中、西、东三个部分，其中中部是全园的精华所在。同时，水的面积约占全园的五分之三，亭榭楼阁，大半临水，造型轻盈活泼，并尽量四面透空，以便尽收江南水乡的自然景色。园内的空间处理，妙于利用山、池、树木、亭、榭，少用围墙。故园内空间处处沟通，互相穿插，形成丰富的层次。再如北京的颐和园，它的规模很大，全园面积约3.4平方千米，它分成许多个景区，其中有些景区还形成大园中包小园，如谐趣园。但在这许多景区中，昆明湖与万寿山则是它的精华所在。正是这些重点的景区构成了这些园林的主要特色。各个园林不论其大小，只要主要景区很有特色，即使其他方面略有欠缺，也仍可给人以深刻的印象。

大部分园区采用划分景区和空间以及"借景"的方法

取自然山水之本色，收江南塞北之风光

(3)"借景"艺术手法的运用

至于"借景"这种艺术手法，更是中国古典园林突破空间局限、丰富园景的一种传统手法。它是把园林以外或近或远的风景巧妙地引"借"到园林中来，成为园景的一部分。这种手法在我国古典园林中运用得非常普遍，而且具有很高的成就。例如，现存苏州古典园林中建园历史最早的沧浪亭，它的重要特色之一便是善于借景。因为园门外有一泓清水绕园而过，该园就在这一面不建界墙，而以有漏窗的复廊对外，巧妙地把河水之景"借"入园内。再如北京的颐和园，为了"借"附近玉泉山和较远的西山的景，除了在名为"湖山真意"处充分发挥借景手法的艺术效果外，在其他方面也作了精心的设计。如颐和园的西堤一带，除了用六座形式不同的桥点景外，没有高大的建筑屏挡视线。昆明湖的南北长度也正适合将园内看得见的西山群峰全部倒映湖中。同时，两堤的桃柳，恰到好处地遮挡了围墙，园内园外的界限无形之中消失了。西山的峰峦、两堤的烟柳、玉泉山的塔影，都自然地结合成一体，成为园中的景色，园的空间范围无形中扩大了，景物也更加丰富了。呈现在人们眼前的是一幅以万寿山佛香阁为近景、两堤和玉泉山为中景、西山群峰为远景的锦绣湖山诗境画卷。

行宫御苑——承德避暑山庄

明清时期，修建园林蔚然成风

3. 小品建筑的应用

　　中国古典园林特别善于利用具有浓厚的民族风格的各种建筑物，如亭、台、楼、阁、廊、榭、轩、舫、馆、桥等，配合自然的水、石、花、木等组成体现各种情趣的园景。以常见的亭、廊、桥为例，它们所构成的艺术形象和艺术境界都是独具匠心的。如亭，不仅是造型非常丰富多彩，而且它在园林中间起着"点景"与"引景"的作用。如苏州西园的湖心亭、拙政园别有洞天半亭、北京北海公园的五龙亭。再如长廊，它在园林中间既是引导游客游览的路线，又起着分割空间、组合景物的作用。如当人们漫步在北京颐和园的长廊之中，便可饱览昆明湖的美丽景色；而苏州拙政园的水廊，则轻盈婉约，人行其上，宛如凌波漫步；苏州怡园的复廊，用花墙分隔，墙上形式各异的漏窗（又称"花窗"或"花墙洞"），使园似界非界，似隔非隔，景中有景，小中见大，变化无穷，这种漏窗在江南古典园林中运用极广，这是古代建筑匠师们的一个杰出创造。至于中国园林中的桥，则更是以其丰富多姿的形式，在世界建筑艺术上大放异彩。最突出的例子是北京颐和园的十七孔桥、玉带桥，它们各以其生动别致的造型，把颐和园的景色装点得更加动人。此外，江苏扬州瘦西湖的五亭桥，苏州拙政园的廊桥则又是另一种风格，成为这些园林中最引人注目的园景之一。

颐和园玉带桥

（四）中国四大名园简介

1. 颐和园

颐和园位于北京西北郊海淀区，距北

颐和园风光

京城区 15 千米。是利用昆明湖、万寿山为基址，以杭州西湖风景为蓝本，汲取江南园林的某些设计手法和意境而建成的一座大型天然山水园，也是保存得最完整的一座皇家行宫御苑，占地约 290 公顷。颐和园是我国现存规模最大，保存最完整的皇家园林，为中国四大名园（另三座为承德的避暑山庄，苏州的拙政园，苏州的留园）之一。被誉为皇家园林博物馆。

颐和园始建于 1750 年，1764 年建成，原是清朝帝王的行宫和花园，前身清漪园，是三山五园中最后兴建的一座园林。乾隆即位以前，在北京西郊一带，已建

颐和园一景

起了四座大型皇家园林，从海淀到香山这四座园林自成体系，相互间缺乏有机的联系，中间的"瓮山泊"成了一片空旷地带。乾隆十五年（1750年），乾隆皇帝在这里改建清漪园，以此为中心把两边的四个园子连成一体，形成了从清华园到香山长达二十公里的皇家园林区。咸丰十年（1860年），清漪园被英法联军焚毁。光绪十四年（1888年），慈禧太后以筹措海军经费的名义动用3000万两白银重建，改称颐和园，作消夏游乐地。到光绪二十六年（1900年），颐和园又遭"八国联军"的破坏，烧毁了许多建筑物。光绪二十九年（1903年）修复。后来在

承德避暑山庄

军阀混战、国民党统治时期，又遭破坏，1949年之后政府不断拨款修缮，1961年3月4日，颐和园被公布为第一批全国重点文物保护单位，1998年11月被列入《世界遗产名录》。

2. 承德避暑山庄

避暑山庄位于承德市中心区以北，武烈河西岸一带狭长的谷地上，始建于1703年，历经清朝三代皇帝：康熙、雍正、乾隆，耗时89年建成。距离北京230公里，是由皇帝宫室、皇家园林和宏伟壮观的寺庙群所组成。山庄的建筑布局大体可分为宫殿区和苑景区两大部分，苑景区又可分成湖区、平原区和山区三部分。占地564万平方米，环绕山庄蜿蜒起伏的宫墙长达万米，是中国现存最大的古典皇家园林。相当于颐和园的两倍，有八个北海公园那么大。内有康熙乾隆钦定的72景。拥有殿、堂、楼、馆、亭、榭、阁、轩、斋、寺等建筑100余处。它的最大特色是山中有园，园中有山。

避暑山庄与北京紫禁城相比，避暑山庄以朴素淡雅的山村野趣为格调，取自然山水之本色，吸收江南塞北之风光，成为中国现存占地最大的古代帝王宫苑。

避暑山庄以朴素淡雅的山村野趣为格调

避暑山庄及周围寺庙是一个紧密关联的有机整体，同时又具有不同风格的强烈对比，避暑山庄朴素淡雅，其周围寺庙金碧辉煌。这是清帝处理民族关系重要举措之一。由于存在众多群体的历史文化遗产，使避暑山庄及周围寺庙成为全国重点文物保护单位、全国十大名胜、和四十四处风景名胜保护区之一，承德也因此成为全国首批二十四座历史文化名城之一。

3. 苏州拙政园

位于苏州市娄门内东北街 178 号，是江南园林的代表，也是苏州园林中面积最大的古典山水园林。最初是唐代诗人陆龟蒙的住宅，元朝时为大弘（宏）寺。明正德四年，由明代弘治进士、明嘉靖年间御史王献臣买下，聘著名画家、吴门画派的代表人物文征明参与设计蓝图，历时16年建成，借用西晋文人潘岳《闲居赋》中"此亦拙者之为政也"之句取园名，暗喻把浇园种菜作为自己（拙者）的"政"事，含仕途失意归隐之意。

拙政园全园占地约62亩，分为东、中、西和住宅四个部分。拙政园中现有的建筑，大多是清咸丰十年拙政园成为太平天国忠王府花园时重建，至清末形成东、中、西三个相对独立的小园。中部是拙政园的主景区，为精华所在。面

苏州古典园林拙政园一景

积约 18.5 亩，池水面积占全园面积的五分之三。其总体布局以水池为中心，亭台楼榭皆临水而建，具有江南水乡的典型特色。临水而建了很多建筑小品，高低错落有致，主次分明，和谐统一。总的格局保持了明代园林浑厚、质朴、疏朗的艺术风格。园内广植荷花，"远香堂"为中部拙政园主景区的主体建筑，池水清澈广阔，荷花飘香，周围绿荫环绕，亭桥点缀其间，四季景色因时而异，美不胜收。远香堂之西有"倚玉轩"与"香洲"遥遥相对，两者与其北面的"荷风四面亭"成三足鼎立之势，都可随势赏荷。清风徐来，水波不兴，给人以不可言传的美之享受。

苏州拙政园内的荷花

无论站在哪个点上，眼前总是一幅
完美的图画

4. 苏州留园

与北京颐和园、承德避暑山庄、苏州
拙政园齐名，并称为中国"四大名园"。
留园坐落于苏州市阊门外，始建于明代嘉
靖年间。原为徐时泰的东园，清代归刘蓉
峰所有，改称寒碧山庄，俗称"刘园"。
清光绪二年又为盛旭人所据，始称留园。
留园占地约30亩，留园内建筑的数量在
苏州诸园中居冠。数十个大小不等的庭园
小品的组合搭配，充分体现了古代造园艺
术的高超和江南园林的艺术风格。

留园全园共分为四个部分，建筑物众

拙政园一景

多而不混乱的方法是设置各种门窗以沟通景色，使游人视野大开。在一个园林中要领略到山水、田园、山林、庭园四种不同景色是不容易的，但在留园中却做到了这一点：其中部以水景见长，是全园的精华所在；东部以曲院回廊的建筑取胜，著名的有还我读书处、冠云台、冠云楼等十数处斋、轩，院内池后的三座石峰更为增胜；

苏州园林布局合理，空间处理巧妙

北部颇具农村风光，并有新辟盆景园；西区则是全园最高处，有野趣，以假山为奇，土石相间，堆砌自然。池南涵碧山房与明瑟楼为留园的主要观景建筑。

中国古典园林融合了园艺、建筑、文学、诗歌、绘画等多种艺术类型，一座精美的园林就是一部耐人寻味的文化典籍。鉴赏古典园林中丰富多样的建筑形态，理解各种植物代表的不同含义，品味园林中的诗歌、楹联、书法、雕塑，从中我们可以领略到中华民族灿烂的传统文化。从古典园林独特的造园艺术，如构园造景中的"借景"之妙，"曲径通幽"之美，感受中华传统文化的博大精深，一种民族的自豪感和自信心会油然而生。

中国大地幅员辽阔，物产丰富。中国素有"世界园林之母"之誉，公认为"花的国度"。中国成为世界上栽培植物的起源之一，在世界已知的666种主要栽培植物中，起源于中国的有136种，占世界的20.4%，位居第一；特别是果树栽培，中国的物种十分丰富，多数柑橘类都是起源于中国的。而在几千年文明的历史长河中，中国的园艺栽培技术不断发展，出现了对今天影响深远的温室栽培、无土栽培等技术的雏形，嫁接技术也日益完善。这些都是中国古代园艺的巨大成就。

留园以水池为中心，假山小亭，
林木交映

苏州留园

清代以前的中国是一个开放的国家，对外交流大大丰富了中国的果蔬品种。著名的丝绸之路给中国带来了葡萄、核桃、胡萝卜、胡椒、胡豆、波菜（又称为波斯菜）、黄瓜（汉时称胡瓜）、石榴等，为中国人的日常饮食增添了更多的选择。

中国的花卉和园林艺术以其独树一帜的美学特性和艺术魅力贯穿了整个民族文化的发展史，它与中国古典美学思想一脉相承，从一个较为鲜明的侧面反映了炎黄子孙崇尚美和追求美的传统文化意识，在世界文化之林中树立了独特的东方美学典范。